大连古建筑测绘十书

观音阁

吴晓东　张舒郁　王 丹　著

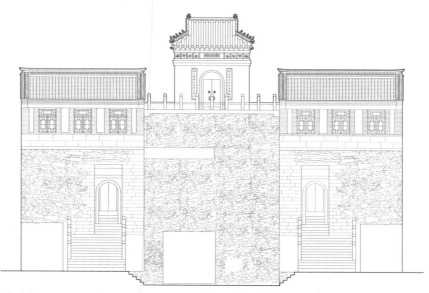

中国建筑既是延续了两千余年的一种工程技术，本身已造成一个艺术系统，许多建筑物便是我们文化的表现、艺术的大宗遗产。

——梁思成

江苏凤凰科学技术出版社

图书在版编目（CIP）数据

大连古建筑测绘十书．观音阁／吴晓东，张舒郁，
王丹著．－－ 南京：江苏凤凰科学技术出版社，2016.5
　ISBN 978-7-5537-5711-7

　Ⅰ．①大… Ⅱ．①吴… ②张… ③王… Ⅲ．①寺庙－
古建筑－建筑测量－大连市－图集 Ⅳ．①TU198-64

中国版本图书馆CIP数据核字(2016)第278951号

大连古建筑测绘十书

观音阁

著　　　者	吴晓东　张舒郁　王　丹
项目策划	凤凰空间/郑亚男　张　群
责任编辑	刘屹立
特约编辑	张　群　李皓男　周　舟　丁　兴

出版发行	凤凰出版传媒股份有限公司
	江苏凤凰科学技术出版社
出版社地址	南京市湖南路1号A楼，邮编：210009
出版社网址	http://www.pspress.cn
总 经 销	天津凤凰空间文化传媒有限公司
总经销网址	http://www.ifengspace.cn
经　　　销	全国新华书店
印　　　刷	北京盛通印刷股份有限公司

开　　　本	965 mm×1270 mm 1／16
印　　　张	3.5
字　　　数	28 000
版　　　次	2016年5月第1版
印　　　次	2023年3月第2次印刷

标 准 书 号	ISBN 978-7-5537-5711-7
定　　　价	78.80元

图书如有印装质量问题，可随时向销售部调换（电话：022-87893668）。

图书总序

我在大连理工大学建筑与艺术学院兼职数年，看到建筑系一群年轻教师在胡文荟教授的带领下，对中国传统建筑文化研究热情高涨，奋力前行，很是令人感动。去年，我欣喜地看到了他们研究团队对辽南古建筑研究的成果，深感欣慰的同时，觉得很有必要向大家介绍一下他们的工作并谈一下我的看法。

这套丛书通过对辽南10余处古建筑的测绘、分析与解读，从一个侧面传达了我国不同地域传统建筑文化的传承与演进的独有的特色，以及我国传统文化在建筑中的体现与价值。

中国古代建筑具有悠久的历史传统和光辉的成就，无论是在庙宇、宫室、民居建筑及园林，还是在建筑空间、艺术处理与材料结构的等方面，都对人类有着卓越的创造与贡献，形成了有别于西方建筑的特殊风貌，在人类建筑史上占有重要的地位。

自近代以来，中国文化开始了艰难的转变过程。从传统社会向现代社会的转变，也是首先从文化的转变开始的。如果说中国传统文化的历史脉络和演变轨迹较为清晰的话，那么，近代以来的转变就似乎显得非常复杂。在近代以前，中国和西方的城市及建筑无疑遵循着不同的发展道路，不仅形成了各自的文化制式，而且也形成了各自的城市和建筑风格。

近代以来，随着西方列强的侵入以及建筑文化的深入影响，开始对中国产生日益强大的影响。长期以来，认为西方城市建筑是正统历史传统，东方建筑是非正统历史传统这一"西方中心说"的观点存在于世界建筑史研究领域中。在弗莱彻尔的《比较建筑史》上印有一幅插图——"建筑之树"，罗马、希腊、罗蔓式是树的中心主干，欧美一些国家哥特式建筑、文艺复兴建筑和近代建筑是上端的6根主分枝。而摆在下面一些纤弱的幼枝是印度、墨西哥、埃及、亚述及中国等，极为形象地表达了作者的建筑"西方中心说"思想。今天，建筑文化的特质与地域性越发引起人们的重视。中国的城市与建筑无论古代还是近代与当代，都被认为是在特定的环境空间中产生的文化现象，其复杂性、丰富性以及特殊意义和价值已经令所有研究者无法回避了。

在理论层面上开拓一条中国建筑的发展之路就是对中国传统建筑文化的研究。

建筑文化应该是批判与实践并重的，因为它不局限于解释各种建筑文化现象，而是要为建筑文化的发展提供价值导向。要提供价值选向，先要做出正确的价值评判，所以必须树立一种正确的价值观。这套丛书也是在此方面做出了相当的努力。当然得承认，传统文化可能是也一柄多刃剑。一方面，传统文化也可能成为一副沉重的十字架，限制我们的创造潜能；而另一面，任何传统文化都受历史的局限，都可能是糟粕与精华并存，即便是精华，也往往离不开具体的时空条件。与此同时又可以成为智慧的源泉，一座丰富的宝库，它扩大我们的思维，激发我们的想象。

中国传统文化博大精深，建筑文化更是同样。这套书的核心在如下三个方面论述：具体层面的，传统建筑中古典美的斗拱、屋顶、柱廊的造型特征，书画、诗文与工艺结合的装修形式，以及装饰纹样、各式门窗菱格，等等。宏观层面的，"天人合一"的自然观和注重环境效应的"风水相地"思想，阴阳对立、有无互动的哲学思维和"身、心、气"合一的养生观，等等。这期中蕴含着丰富的内涵、深邃的哲理和智慧。中观层面的，庭院式布局的空间韵律，自然与建筑互补的场所感，诗情画意、充满人文精神的造园艺术，形、数、画、方位的表象

与隐喻的象征手法。当然不论是哪个层面的研究，传统对现代的价值还需要我们在新建筑的创作中去发掘，去感知。

2007 年以来，这套丛书的作者们先后对位于大连市的城山山城、巍霸山城、卑沙山城附近范围的 10 余处古建进行了建筑测绘和研究工作，而后汇集成书。这套大连古建筑丛书主要以照片、测绘图纸、建筑画和文字为主，并辅以视频光盘，首批先介绍大连地区的 10 余处古建，让大家在为数不多的辽南古建筑中感受到不同的特色与韵味。

希望他们的工作能给中国的古建筑研究添砖加瓦，对中国传统建筑文化的发展有所裨益。

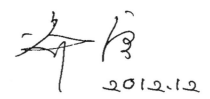

2012.12

前 言

　　一花一世界。

　　大连观音阁始建于辽金时代，被誉为"辽南第一名刹"。庙宇巧妙地利用了大黑山半山腰的一个天然石窟，四周是葳蕤的森林，前方有一条浅浅的沟塘，蜿蜒着通往山下。

　　《华严经》有云："佛土生五色茎，一花一世界，一叶一如来。"

　　这是禅宗的境界。佛学上有一个故事，佛在灵山，众人问法。佛不说话，只随手拿起一朵金婆罗花，示之。众弟子不解，唯迦叶尊者破颜微笑。只有他悟出道来了。宇宙间的奥秘，不过在一朵寻常的花中。

　　青青翠竹，尽是真如。郁郁黄花，无非般若。山间有月，风情自来许，云水无边，径木花自清。心念有静，桥流水不流，香林有风，林动风不动。

　　禅风绕耳，可念生境，禅念于心，可一心一境。心若自然禅境，可以"风送水声来枕畔，月移山影到窗前"；心若从容禅境，可以"不雨花犹落，无风絮自飞"；心若淡定禅镜，可以"心常平静如秋水，放眼高空看过云"。

　　谁凭栏独沏一壶冷茶，翻覆瓶中沙漏尽年华，谁寒楼遥瞰浮世沧桑。古刹千年后，娑罗长香，回声望一抹断墙。繁花似锦，云烟散尽，千转百回，依然如故。

　　是莲花开，繁华落尽，梦入禅声。月儿无语，照尽世间多少悲欢离合；莲花有情，普度情海无数痴男怨女。莲花开过了，净土依然沉浸于尘缘未了的一方之中，追随着禅音而去，清清净净的世界也许就在前方。

目 录

辽南第一名胜

大黑山位于辽宁省南部，大连北部，金州城以东 15 公里处，距大连经济技术开发区 11 公里，又被称作大和尚山、大赫山、老虎山等，海拔 663.1 米，面积约 110.9 平方公里。自明代起，大连地区逐渐繁荣起来，大黑山也兴建了一批重要的建筑，号称"辽南第一名胜"。这里山势逶迤，谷幽林茂，古金州八景有四处坐落于此山中，分别是"响水消夏""南阁飞云""山城夕照""朝阳霁雪"。响水观、唐王殿、朝阳寺、石鼓寺、大黑山山城（卑沙城）、关门寨等古刹以及古战场遗迹分布其中，自然风光、文物古迹、古老民风融为一体。

大黑山峰峦叠嶂，古寺就藏在山峦深处。在大黑山东北麓起伏的山岭间，有座被誉为"辽南第一名刹"的寺庙，因奉祀观音菩萨，故名观音阁（图1、图2）。该寺据传始建于辽金时期，据寺内碑文（图3）记载，明洪武初年在原古刹的废墟上重建寺庙，距今已有 600 多年。因寺内正殿旁有一眼古井，故又名胜水寺。20 世纪 60 年代，胜水寺建筑群中的望海楼被夷为平地，正殿和禅房也遭遇损毁。80 年代后，政府拨专款对庙宇重加整理，添构屋宇，古迹胜地得以重现。春秋辗转，古寺饱经风霜剥蚀，几度废兴，1985 年被大连市政府定为市级文物保护单位。

图 1 观音阁历史照片

图 2 观音阁钟楼

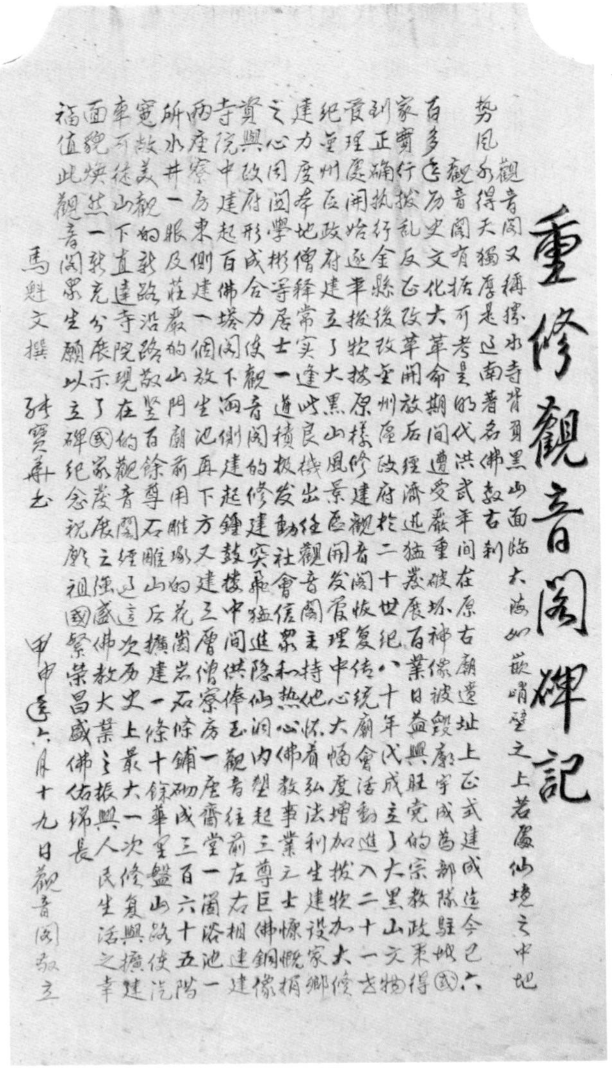

图 3 "重修观音阁碑记" 纪念石碑

大连地区的文化经过了千余年相对缓慢的发展，到了明清两代进入了快速、稳定的发展时期。这一时期从 14 世纪中叶到 19 世纪末叶，历经 550 余年。随着明朝军事与文化的不断输入，大连地区的建筑行业也逐渐繁荣起来。建筑风格不仅多采用中原模式，东南沿海的海神文化也随之而来。这就是在大连地区也会看到闽南风格的建筑形式的原因。

从 14 世纪中叶到 19 世纪末叶，该地区兴建了一批具有代表性的建筑，重修了金州城和复州城，佛教与道教盛行起来。观音阁就是这一时期的杰作。

二僧斗法

观音阁依山就势,前面是石亭和望海楼,站在这里,可以看到黄海大窑湾的风光。望海楼后上方是观音阁正殿和禅房,正殿上面,是一堵巨大的石崖,高十余米。石崖下面,有一眼黑黝黝的泉井,井水不深,却十分清冽,人称地穴;石崖上方,有一个看似深不可测的石洞,又叫天穴。这天穴、地穴据传是当年两个和尚比斗法术时留下的遗迹。

故事发生在明洪武初年,大黑山来了两个和尚,一位自千山来名叫陈德新,一位是从闾山来叫方影山,二人都是修行多年的高僧。他们云游了辽南的各处名山之后,都没有找到一个理想的地方修建寺院。这一天,天朗气清,他们不约而同地来到了被称作大黑山东林子的地方,都想在这里建寺,二人相持不下,最后商定当众比斗法术,谁的本事大,谁就留在这里当住持。老百姓从四面八方赶来看热闹,还请来了金州的地方官做证人。

比斗法术开始后,陈和尚先施法力,只见他念念有词道:"这里有风景,就缺一眼井,没井不叫景,我要挖口井。"说完,挥拳猛地向地上砸去,只见拳到之处立即出现一个大洞,不一会儿工夫,一股泉水就咕嘟咕嘟地冒了出来,捧一口水尝尝,清冽甘甜,沁人心脾,赢得了众人的一片叫好声。方和尚一看,不慌不忙,走过来对众人说:"这里山虽高,却无通天路,无路不顺畅,我修通天路。"话音刚落,只见他嘴里喷出一股烟气,一道金光闪过,整个山岭都跟着动起来,待众人睁眼看时,石窟的斜上方果然出现一个幽深的石洞。围观者个个瞠目结舌,惊叹不已,恍然若梦。

斗法结束,两人有了惺惺相惜之意。后来,他们一个出去募捐化缘,一个在山上负责修建,而且把寺院建成前后两院,一个住前院(即上院),另一个住后院(即下院)。经过几番寒暑,几番辛劳,寺庙终于修成,此后寺庙闻名遐迩,香火鼎盛。两个和尚砸出的地穴和天穴也就是现存的胜水井和西北天。

两个和尚斗法这天是农历三月十六日,此后人们就把这一天定为观音阁的庙会之日。

佛教是我国第一大宗教，东汉初期正式由印度传入。中国最早的佛教寺院是汉明帝时建于洛阳的白马寺。

此时的佛教建筑平面空间形制仍是按照西域的建筑模式，是以佛塔为中心的方形庭院。东汉末年在徐州兴建的浮屠祠仍旧采用这种建筑模式，但是已开始运用中国建筑的传统样式。佛教在两晋、南北朝时发展迅速，建造了大量的寺院、石窟和佛塔。唐朝诗人杜牧的诗《江南春》中有：

千里莺啼绿映红，水村山郭酒旗风。

南朝四百八十寺，多少楼台烟雨中。

可见南朝寺庙之多。南朝由于佛法兴盛，帝王提倡佛教而造寺塔者颇多，其后妃、公主兴造寺塔之风尤盛，故南朝寺院林立，且以木材构筑者居多，绝大部分佛寺皆在建康（今南京）。南朝寺院建筑，除采前塔后殿之一贯形制外，其最大特征为双塔（设东西双塔）及舍利之安置（置于中心柱下，而不在相轮之下，与印度截然不同）。其中以同泰寺、瓦官寺、栖霞寺较为著名。而栖霞寺中有千佛岩石刻造像与明征君碑等石碑、石塔，其风格之秀美典雅，异于北朝云冈石窟造像，为南朝仅见之石刻造像艺术，亦为我国重要之佛教史迹。

隋唐五代至宋时期的佛教建筑，大部分仍采取对称式布局，只是殿堂逐渐取代佛塔成为建筑的中心。到了明清时代，一般的寺庙更加规整化，大多依中轴线对称布置建筑。总平面的布局似乎形成了定式。

比较典型的佛教寺庙代表有山西五台山佛光寺、河北正定隆兴寺等。从整体来看，这些寺庙的规模都比较大，采用的建筑形制也比较高；从全国范围来看，其数量相对是比较少的。大部分民间的寺庙，其建筑选址、平面布局、建筑形制与规模以及建造工艺都有着巨大的差异。所以，用类似佛光寺这样级别较高的大型佛教建筑来理解中国的佛教建筑并不完整。毕竟，大量的民间寺庙都不在这样一个规模上。那么，建立起民间的视角，仔细地审视一下那些散布在民间的小寺庙，对于理解中国佛教建筑还是大有裨益的。

辽南民间的宗教建筑

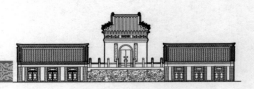

中国的民间宗教建筑，受传统的自然观的影响，只要自然条件允许，多建于山林之中。山中之庙宇乃是中国宗教文化的一个典型特征。这种将寺庙建筑融合于自然的建造法则和西方将宗教建筑建于城市之中的做法迥然不同。

大连寺庙建筑的总体形态特点与传统的建造选址有着密切的关系。天人合一的时空观使得这类建筑有着非常明显的形态特征。由于天人合一的思想更加强调人道服从天道，因此社会的运行秩序首先要符合自然的运行秩序。变化，尤其是人类主观上的变化，被视作一种危险的倾向，因为这类改变很容易就会触及那个不容许改变的秩序。所以，体现在宗教建筑上，这类建筑更加贴近天道的秩序，想要在建筑形态以及总体布局上做各种人为的变化是被禁止的。只是这种禁止在强大的天道下，已经变成一种自觉。所以看中国传统的宗教建筑，从古至今，其建筑形态的遗传性很强，建筑形态大同小异。尤其是民间宗教建筑，总体上其建筑的相似度非常高，更不用说建造年代接近的那些建筑。大连的传统寺庙总体来看是符合这个判断的，例如硬山顶、三开间、砖木结构等。

如果凭上述所说就简单地认为大连的传统宗教建筑会具有单调性，那就大错特错了。事实上，大连这些传统寺庙建筑的个性特征非常明显，每一座寺庙都有着不同于其他的变化与特点。

这些变化，是大自然赋予的。显然，人为的"创新"不为传统文化所接受，那么，对于变化的需求只能由"天道"来赋予了。所以，古代宗教建筑最重要的工作并不在单体建筑上，因为建筑的做法是不用创新的。最重要的工作在于选址。选择一个大自然的创作，使人为的建筑尽可能地符合地形地貌的特点，两者相得益彰，建造就算是成功了（图4）。

所以，中国民间的传统宗教建筑虽然在建筑单体形态上没有强烈的变化，但在整体空间组合上结合自然地形地貌却是千姿百态，变化无穷。当然，那些大型的宗教建筑，尤其是建在城内的寺庙，其平面布局的不变性、一贯性也是显而易见的。而民间宗教建筑的这些变化不仅符合人道的需求，更重要的是它是符合天道的。所有的变化都具有"合法性"，没有人类的一点点"心机"。所有空间上的变化都是自然而然的，建造者只不过进行了选择，而结合建筑活动对自然的"改造"也被限定在最小范畴内。所以，类似大连大黑山的民间传统宗教建筑看起来浑然天成也就不足为奇了，因为这是民间传统宗教建筑建造的基本法则。

因此，想要理解老百姓的宗教建筑，不能把重点只放在对建筑单体的解读上。实际上，平民宗教建筑是老百姓文化性格的反映，是他们内心传统文化的实际需求。文化视角，应该是理解平民宗教建筑的比较恰当的选择。

神的住所，按照我国的传统，自然不能居于平常之处。于是，那些有特点的自然环境，溪水、山泉、悬崖峭壁、山洞等自然奇观，便成了这类建筑最理想的建造场所。在这里，天道和人道的交流自然而然，不存在一丝的障碍。焚香祈祷之后，人们回去继续过着人的世俗生活，而神仙们也依旧待在那些非凡的环境里，悠然自得。这样，老百姓日复一日的精神需求，支撑着世俗宗教建筑的延续，直至今日香火依旧。虽然现在绝大部分宗教建筑都被变成了旅游景点，但是，它们真正的用途却还依旧。这也是宗教建筑能够遗传、活下去的根本动力。

图 4 观音阁鼓楼依山而建

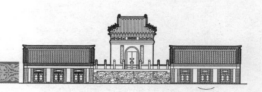

向上延伸的院落空间

观音阁山门建在山脚处，一条绵长蜿蜒的石阶通往寺内（图5、图6）。沿途草木繁茂，溪水潺潺，经常可以看到松鼠、野兔等小动物嬉戏林间，意境绝佳。 从山门抬头仰望，古刹掩映于山林之中，绿树浓荫，曲径通幽，错落有致，这就是大黑山宗教建筑的空间魅力。该寺坐北朝南（图7），背倚青山，面向深谷。在寺前平台极目远眺，连绵群山景色一览无余，壮丽无比，足见古寺选址之妙。

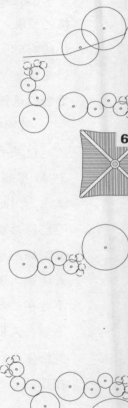

图 5 观音阁前广场眺望山门

图 6 观音阁山门前石阶

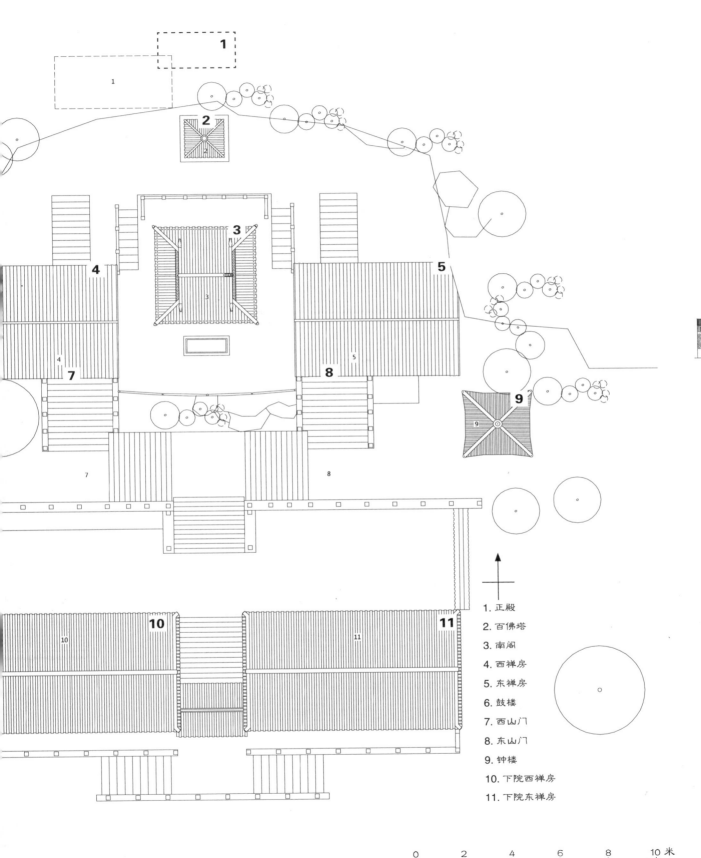

1. 正殿
2. 百佛塔
3. 南阁
4. 西禅房
5. 东禅房
6. 鼓楼
7. 西山门
8. 东山门
9. 钟楼
10. 下院西禅房
11. 下院东禅房

0　　2　　4　　6　　8　　10 米

图7 观音阁总平面测绘图

　　沿着石阶拾级而上（见图8、图9），置身于幽林之中，听着声声蝉鸣，令人顿生思古之情，不知不觉中，内心会变得沉静。密集的树丛闪现着古典的韵味，建造者所努力追求和精心营造的整体意境，正是一幅建筑群与自然山水环境和谐交融的长卷。

图 8 观音阁场地大剖面彩色渲染图

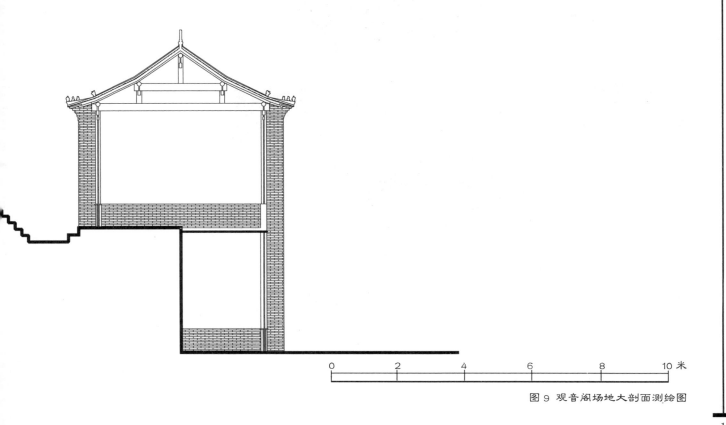

图 9 观音阁场地大剖面测绘图

0　　　2　　　4　　　6　　　8　　10 米

观音阁的所有建筑均依山就势，高低错落，向上延展，仰角甚至大于45°，使整个建筑构成和谐的整体。游客们以及香客们能够真切感受到"天人合一"的精神。

观音阁下院（图10、图11）的两栋建筑是传统的建筑形态，用料基本符合传统建筑的修建原则，使得新建的寺庙建筑没有急功近利的粗俗表现。尽管还是用了一些钢筋水泥的现代建筑材料，尤其是内部的柱子、楼板等，而且外表缺少时间的雕琢，颇不协调，缺少历史的韵味，但是这两座建筑的布局使人们能够感受到那跌宕起伏的空间节奏。因此，观音阁不只是建筑层面的观音阁，更是整体层面的观音阁（图12～图14）。

图10 观音阁下院入口

图 11 观音阁下院入口看西禅房

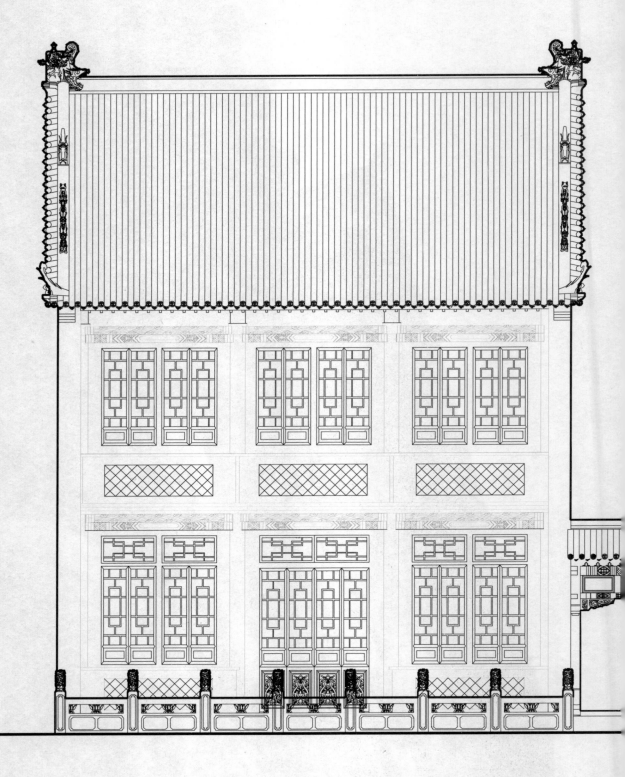

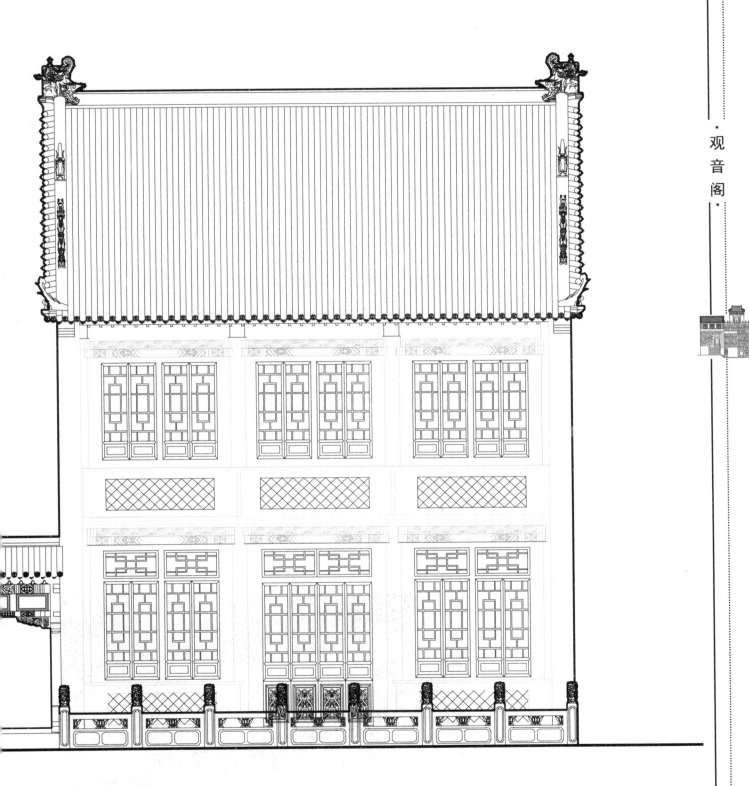

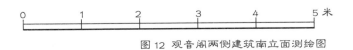

图 12 观音阁两侧建筑南立面测绘图

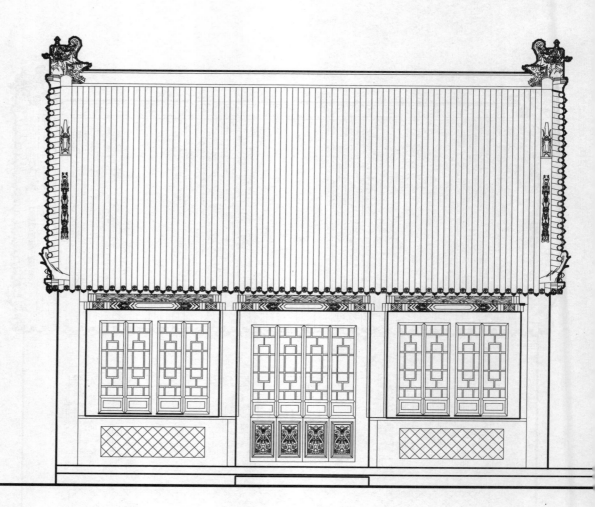

图 14 从观音阁南阁前眺望下院东禅房、西禅房

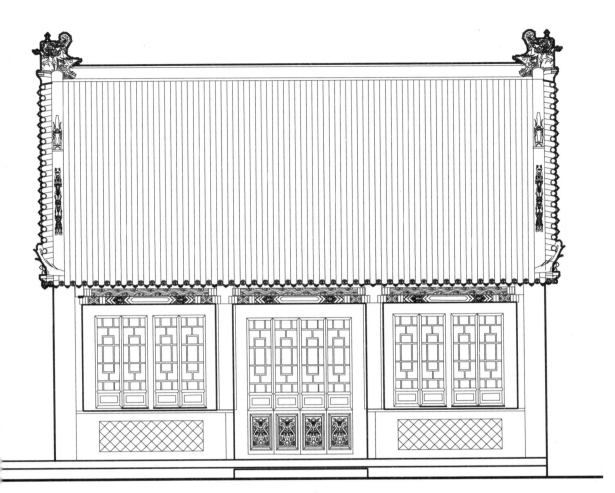

图 13 观音阁两侧建筑北立面测绘图

通过建于观音阁左右的禅房台阶便可进入寺院的二进院落。游人刚穿出客舍内的台阶之时，展现于眼前的是一个被巨大的隐仙洞半吞的庭院，自暗而明，由窄而宽，别有洞天（图15～图17）。二进庭院中设有正殿三间，内含于石洞之中，殿内未用一块木料，故称"无梁殿"，供奉释迦牟尼佛、阿弥陀佛和药师佛等。正殿旁有一古井，虽位于高山之上，终年不枯，"胜水寺"之名也由此得来，可惜的是20世纪60年代初进行国防施工时水线被截。西禅房（图18、图19）附近有天然石镜，光可鉴人。

观音阁两侧建有相对低矮的附属建筑，作为僧侣的起居之所，砖石硬山顶，形式质朴。下院左右对称的新建禅房，外表看起来还是砖木结构的古建筑形式，而内部承重体系采用的是钢筋混凝土结构。

观音阁最大的特点在于结合了"穴居、野处"与"上栋下宇"，既反映了人们对亲近大自然的向往，又体现了发挥自身智慧与力量改造环境的意愿。

图15 观音阁东山门石阶入口

图 16 从观音阁前院眺望东山门入口

图 17 隐仙洞

波心敬佛此是便定西大

图 18　观音阁上院东禅房、西禅房、南阁南立面测绘图

0　　1　　2　　3　　4　　5 米

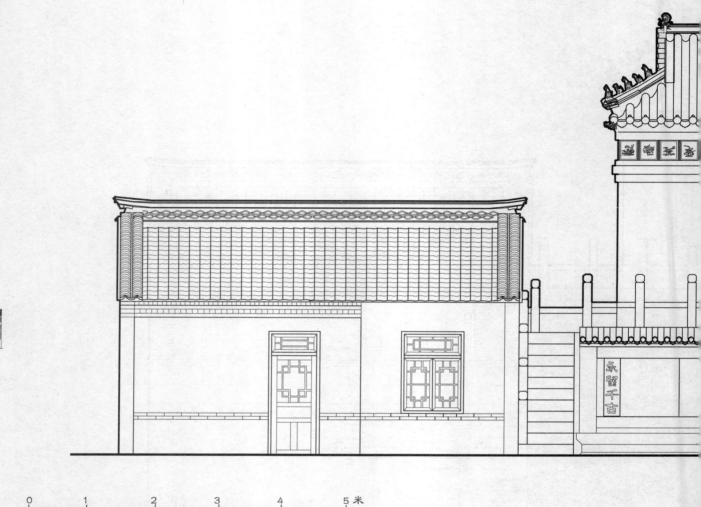

0　　　1　　　2　　　3　　　4　　　5 米

图 19 观音阁上院东禅房、西禅房、南阁北立面测绘图

禅房两旁分别建有钟楼（图20）和鼓楼。钟鼓楼为四角攒尖顶，分上下两层，下层为砖石砌筑，上层为木质结构，四柱方亭，额枋上绘有彩画，枋心为山水图案。钟楼内挂有一口大钟，造型端正优美，古朴厚重。钟的顶部铸有两只蒲牢，钟面上的图案和文字，工艺精美、细腻。

图20 从观音阁南阁眺望钟楼

正殿前设有一座百佛塔，佛塔的前面有一歇山式楼阁，建于巨石悬崖之上，这就是观音阁南阁（图21、图22）。南阁内供奉观音塑像，一侧的墙壁上还绘有男相观音。登上南阁，凭栏眺望，天海苍茫，层峦叠嶂，葱翠的山岭尽收眼底。夏日山雨欲来或雨过初晴之时，在此可见脚下云雾翻涌，烟云翻飞缥缈，波澜起伏，甚为壮观，此即金州古八景之一的"南阁飞云"，与百佛塔（图23）交相辉映。观音寺南阁测绘图见图24、图25。

图 21 从观音阁正殿前看南阁北立面

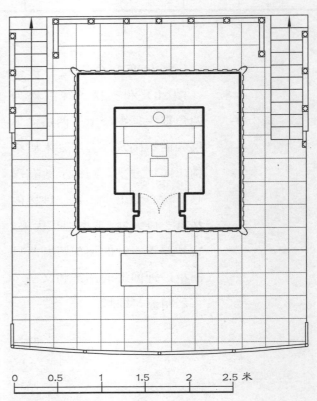

图 22 观音阁南阁平面测绘图

图 23 观音阁九层百佛塔

33

门匾: 德 音 阁

诚心敬佛此处便是西天

有意焚香何必远朝南海

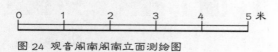

0　1　2　3　4　5 米

图 24　观音阁南阁南立面测绘图

图 25 观音阁南阁东立面测绘图

古拙的墙门，光滑的青石阶，雄奇的岩洞，斑驳的窗户，苔痕累累的屋檐，显得古趣盎然。观音阁别有洞天，细细看来，着实让人赏心悦目，品味无穷（图26、图27）。这里远离了都市的喧嚣，人们畅游此处会沉浸于一种古朴、悠远、宁静的氛围中，渐渐失去了对时间的感觉。

图26 观音阁自然风光

图 27 观音阁南阁侧立面彩色渲染图

屋顶装饰艺术

观音阁（图28）建在一高约2米的高台上，体量不大，平面约为一方形，面阔进深均为4.5米，面积20平方米。左右各有一石阶连通观音阁与隐仙洞。砖构仿木结构，歇山顶，屋面铺设琉璃瓦。墙面在檐口与挑砖线脚之间分割为12个方格，中间4个方格内书有"慈航普度"字样，两边剩余方格内绘有各种吉祥图案。砖墙整体涂刷铁锈红色涂料。

由于建在山岩石壁上，因此观音阁建筑中用到的建筑材料很大一部分是就地取材的石料。建筑的墙体、台阶、望柱、基座等多半用的是石料，且石料的砌法看起来很民间化，不讲究工整，只是依照石料的天然形状，稍加整理。这种砌法看似有粗陋之嫌，却很好地体现了融于自然的理念。

图28 观音阁

图29 观音阁南阁歇山屋顶

观音阁南阁为歇山式屋顶。歇山式屋顶有一条正脊、四条垂脊和四条戗脊。在两侧山墙处（图29），歇山顶不再像硬山式和悬山式那样，山墙由正脊处向下垂直一线。歇山式屋顶的正脊比两端山墙之间的距离要短，因而歇山式屋顶在上部的正脊和两条垂脊间形成了一个三角形的垂直区域，称为"山花"。山花在明代以前多为透空形式，仅在博风板上用悬鱼、惹草等略加装饰。明代以后多用砖、琉璃、木板等将歇山式屋顶山花的透空部分封闭起来，并在其上施以雕刻作为装饰。这种山花形式称为"封闭式山花"。观音阁正是属于这一种，它与早期的透空式山花有了不一样的效果与韵味。

悬鱼位于悬山或歇山建筑两端山面的博风板下，垂于正脊，观音阁的悬鱼为正菱形红棕色雕花。悬鱼是一种建筑装饰构件，大多用木板雕制而成，因为最初为鱼形，并从山面顶端悬垂，所以称为悬鱼。

寺中四座禅房（图30）均为硬山屋顶，有一条正脊四条垂脊，这种屋顶造型的最大特点是比较简单、朴素，只有前后两面坡，而且屋顶在山墙墙头处与山墙齐平，没有伸出部分，山墙面裸露没有变化。关于硬山这种屋顶形式，在宋代修撰的《营造法式》一书中没有记载，明清及其后时期，硬山式屋顶才广泛地应用于我国南北方的建筑中。

图 30 下院东禅房

瓦当俗称瓦头，是屋檐最前端一片有圆形或半圆形端头装饰的筒瓦。瓦当起着保护木制飞檐和美化屋面轮廓的作用。瓦当一般与筒瓦连在一起，瓦当上雕刻的各种纹样又使其有了装饰功能。观音阁的瓦当样式为圆形虎头纹；两侧的配殿，瓦当样式为半圆形如意纹，并有"大吉"字样居于其中。

滴水从某种意义上说也是仰瓦的一种。与普通仰瓦的不同之处在于，滴水顶端附有一块向下的瓦头，它的功能是利于排去屋顶上的积水，使屋顶上的积水流到屋檐时顺着瓦头滴到地面，从而起到保护檐下其他结构的作用（图31、图32）。

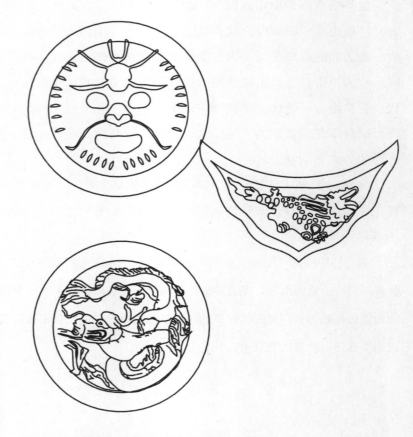

图 31 观音阁下院东建筑瓦当滴水测绘图

图 32 观音阁南阁瓦当滴水

观音阁正脊两端有张口吞脊、尾部卷曲的兽雕，还有数个造型生动、活泼可爱的神兽端坐檐角，它们就是传统建筑中的脊兽。脊兽按其口的朝向，可分为两类：一类口向上，或张嘴或闭嘴，叫作垂兽、望兽、蹲兽；另一类口向下，呈含脊状，称为螭吻（图33～图37）。

螭，一般被认为是龙的第九子，喜欢东张西望，故被安排在建筑物的屋脊上，作张口吞脊状，并有一剑以固定之。相传，这把宝剑是西晋道士许逊的剑。螭吻背上插剑有两个目的，一个是防螭吻逃跑，取其永远喷水镇火的意思；另一传说是那些妖魔鬼怪最怕许逊的这把扇形剑，这里取避邪的用意。观音阁和山门垂脊上总共五个小兽，从前至后分别为龙、凤、狮子、天马、海马，皆为象征着正义和祥瑞的神兽。

图 33 观音阁屋脊螭吻之一

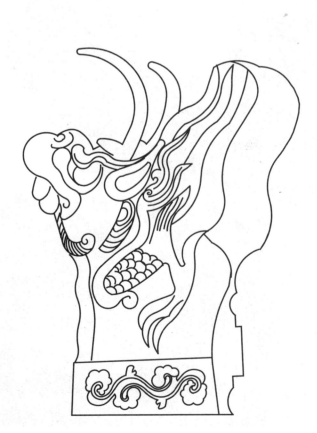

图 34 观音阁屋脊螭吻之二

图 35 观音阁屋脊螭吻之三

为何在屋脊上装饰脊兽？其实这样做不仅仅是为了美观，脊兽还有很强的实用性。起初，由于垂脊顶部的筒瓦是一个个叠摞上去的，工匠必须用铁钉将筒瓦与其下部的构件相连，这样一来钉帽就会裸露在筒瓦上面。脊兽由瓦制成，其功能最初就是为了保护木栓和铁钉，防止漏水和生锈，对脊的连接部起固定和支撑作用。古代的宫殿多为木质结构，易燃，脊兽便多为传说中能避火的小动物。

图 36 观音阁东禅房屋脊螭吻测绘图

图 37 观音阁下院东禅房屋脊螭吻

　　在观音阁两侧禅房的屋面上，我们可以看到一排排瓦垄自上而下，铺得很整齐，形成具有动感的律动形式（图38）。根据屋架的举折，屋面从正脊至檐口，并不是一直呈同一坡度延伸，而是近脊处较陡，近檐处较缓。因此，一般屋面近脊处瓦的搭接较多，近檐处瓦的搭接较少，从而避免近脊处瓦向下沉移而造成漏雨的可能性。

　　小式瓦作的屋脊大多用于硬山或者悬山建筑，这类房屋的屋面只有两坡，较为简单，相应的屋顶的正脊做法也较简单朴素，没有复杂的饰件，大多只是在两端雕刻花草盘子和翘起的鼻子（在脊端向上翘起的部分叫做"鼻子"，也俗称"蝎子尾"）作为装饰，这种装饰简单的脊就叫作"清水脊"。

图 38 观音阁下院禅房屋顶瓦垄

门窗及塑像

观音阁禅房门窗精致典雅（图 39 ～ 图 41），皆漆为红色，窗棂以红色木条拼成套方样式。此种样式的棂花可以使房内得到较大的采光面积。门柱两侧写有楹联"山阔容我静，名利任人忙"，额坊上蓝绿相间的质朴彩绘（图 42 ～ 图 44）。

观音阁隐仙洞中供奉有释迦牟尼、文殊、普贤、地藏王各一尊，两侧为十八罗汉，南阁内供奉观音塑像。佛教中四大菩萨，指的是观音菩萨、文殊菩萨、普贤菩萨、地藏菩萨四位法力高深的菩萨（图 45）。

观音菩萨又称观世音菩萨、观自在菩萨等名，代表大慈大悲，以大悲显现、拔除一切有情苦难为本愿，循声救苦，不稍停息。观音菩萨是西方极乐世界的上首菩萨，应化道场为浙江普陀山。

图 39 观音阁山门门环测绘图

图 42 观音阁下院禅房额枋彩绘之一

图 43 观音阁下院禅房额枋彩绘之二

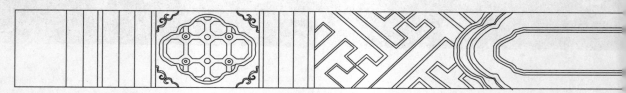

图 44 观音阁下院禅房额枋彩绘之三

图 40 观音阁下院东禅房门窗

图 41 观音阁下院东禅房门测绘图

文殊菩萨又称文殊师利、曼殊室利、法王子，代表聪明智慧。文殊菩萨与普贤菩萨同为释迦牟尼佛左右胁侍，世称"华严三圣"，应化道场为山西五台山。

普贤菩萨又称三曼多跋陀螺，意思是具足无量行愿，代表菩萨行愿，示现于一切诸佛刹土，普贤菩萨应化道场为四川峨眉山。

地藏菩萨又称地藏王菩萨，地藏菩萨发大愿的象征。因悲愿"地狱不空，誓不成佛"持重，所以佛教徒常称之为大愿地藏王菩萨，应化道场为安徽九华山。

图 45 观音阁正殿外雕塑

石构件与香炉

台基分为两种，普通台基和须弥座。宋辽时期的佛塔广泛采用须弥座，至明清时期，须弥座台基则成为宫殿及重要建筑的标准设计，不但用于殿堂，亦见于照壁、城墙。观音阁台基样式为普通基座，基座大约两米多高，十二级踏步。台基构造古典，表面用石砌错缝，边缘与院墙相接，无角柱。观音阁采用垂带踏道（古代建筑中的石构件之一，即台阶，又称踏步，通常有阶梯形踏步和坡道两种。这两种类型根据形式和组合的不同又可分为御路踏跺、垂带踏跺、如意踏跺与坡道或漫道）。

观音阁内台基（图 46）、盘山道，随处可见栏杆身影，均为石制，起到了丰富寺内景观的作用。院内前的栏杆下有垂带，望柱上或雕有莲瓣纹样或雕成祥云。寺内的栏杆多为栏板栏杆，即整个栏杆只有望柱和望柱之间的栏板（图 47）。盘山道上栏杆大多经过重新翻修，为石质材料，柱顶为正多面体，简洁却不失美观。

观音阁隐山洞内设有佛塔一座（图 48）。

观音阁山门有一铜香炉（图 49），炉身下部成三足鼎状，肩饰兽头，兽足为足；上部为重檐六角攒尖顶亭状。器形厚重大方，雕刻精致。

正殿前有一平口双耳铜皮铸成的香炉（图50），双耳上刻有常见的"回"字纹；炉身呈长方形，正中刻有"观音阁"字样；四周为双龙戏珠图案，器形厚重大方；四条三弯腿，肩饰兽头，兽足为足，雕刻精致饱满，造型厚重。

图 46 观音阁南阁下台基

图 47 观音阁下院禅房前石栏杆彩色渲染图

图 48 观音阁百佛塔

图 49 观音阁山门前三足铜香炉

图 50 观音阁正殿前双耳铜皮香炉

山水城市的建造构想

　　观音阁（图51、图52）的建筑秉承了辽南民间宗教建筑一贯的朴素风格，除了歇山顶以及琉璃瓦的运用，总体风格十分朴素。建造者先以洞穴为室，后依山势建成了观音阁以及相对低矮的附属建筑，左右对称的建筑空间形式与天然的洞穴相得益彰。一天成，一人造，结合在一起有着鲜明的地方特色和个性特征，蕴含着丰富的文化内涵。建筑除了注重其实用功能外，更注重其自身的空间形式以及与周围环境的协调。与大自然保持和谐，以大自然为皈依，这正是千百年来中国建造哲学的体现。直到当代，我国著名学者钱学森还提出了"山水城市"的建造构想，强调人类的建造活动不能脱离自然。山水情节，仿佛已经深深地刻在了我们的基因中，无时无刻不提醒着我们大自然之于我们的意义。

图51 观音阁

图 52 观音阁庙门

参考文献

[1] 大连百科全书编纂委员会．大连百科全书［M］．北京：中国大百科全书出版社，1999．

[2] 李允鉌．华夏意匠［M］．天津：天津大学出版社，2005．

[3] 赵广超．不只中国木建筑［M］．北京：生活·读书·新知三联书店，2006．

[4] 大连通史编纂委员会．大连通史——古代卷［M］．北京：人民出版社，2007．

[5] 陆元鼎．中国民居研究五十年［J］．建筑学报，2007（11）．

[6] 中国民族建筑研究会．中国民族建筑研究［M］．北京：中国建筑工业出版社，2008．

[7] 孙激扬，杲树．普兰店史话［M］．大连：大连海事大学出版社，2008．

[8] 李振远．大连文化解读［M］．大连：大连出版社，2009．

[9] 大连市文化广播影视局．大连文物要览［M］．大连：大连出版社，2009．

历史照片

取自《大连老建筑——凝固的记忆》

CAD 测绘

大连理工大学建筑系 06 级队

大连理工大学建筑系 07 级队

大连理工大学建筑系 09 级队

大连理工大学建筑系 10 级队

大连理工大学建筑系 11 级队

大连理工大学建筑系 12 级队

大连理工大学建筑系 13 级队

影像资料采集

大连风云建筑设计有限公司
大连兰亭聚文化传媒有限公司

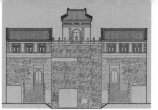

后 记

在大家的共同的努力下，在众多有识之士的帮助与支持下，这套介绍大连古建筑的丛书终于出版了，需要感谢的人太多了！

我们要感谢齐康院士对本丛书提出的宝贵意见，并为本丛书欣然命笔写了序。我们要感谢普兰店市文体局张福君局长，连续几年的调研、测绘工作是在张局长帮助与支持下完成的。我们要感谢大连理工大学建筑与艺术学院建筑系06～13级的同学们，每当夏天就是我们共同在测绘现场的日子。我们要感谢兰亭聚文化传媒有限公司的陈煜董事长及其团队，他们无冬历夏反复的、精益求精的拍摄让我们感受到了专业团队的敬业精神。正是有这么多人，他们怀着对古建筑和传统文化探索的热情，有的默默工作，有的奔走呼号。他们的言行鞭策着我们，他们的言行更是我们的动力。

在大连这座曾经的殖民地城市做中国古建筑调研工作的选题其实是要点勇气的。其次，对这样一批分布较散的建筑进行调研、测绘等工作，其工作量之大我们也是预先估计不足的，有一些工作现场先后去了不下五六次。再者，参与策划、调研、咨询、测绘和摄影摄像等工作的人员众多，工作周期很长，需要克服的如时间、经费及工作环境与条件等因素也较多。个中的艰辛和劳心劳力就不必细说了，任务完成之余大家感慨万千，商量许久，共同留下了一些感想：

通过参与这几年对大连的这批古建筑的调研工作，具体的感触是让我们觉得古建筑的保护仍然是个十分严峻的课题。这10余处古建筑大多为省保单位，只有一两处为市保单位，甚至还有一处为国保单位。它们无论从保护的制度到措施一应俱全，因此还算基本保存完好，但也存在一些问题。然而调研的有些古建筑也是保护单位，并且本身也具备一些历史价值，但从保护的角度看却显得不如人意，故无法将其收录。有些古建筑已经无法无破坏性修缮，有的古建筑的原状已经被歪曲篡改，其艺术价值和工艺价值都大大降低。有些古建筑单位在修缮中任意扩大规模，甚至过度开发旅游，加建太多破坏了环境。有些在修缮中夸大古建筑原有的等级，建筑装饰与彩绘失去规制，建筑风格南辕北辙。我们调研的大多数修缮过的古建筑，基本上不采用传统工艺。只有真正达到保存原来的传统工艺技术，还需要保存其形制、结构与材料，才能达到保存古建筑的原状。修缮文物古建筑的基本原则是要用原有的技术、原有的工艺、原有的材料，这也是搞好文物古建筑修缮的根本保证。《中国文物古迹保护准则》第二十二条也规定："按照保护要求使用保护技术。独特的传统工艺技术必须保留。所有的新材料和新工艺都必须经过前期试验和研究，证明是有效的，对文物古迹是无害的，才可以使用。"在传统工艺方面我们做得太不够了。

我们还体会到，决不能抛弃民族传统，割断历史，因为中国古建筑与传统城市的艺术、功能和形式是经过了几千年的历史发展逐步形成的。对我国独特的传统文化的追求和继承，不应仅仅停留在形式剪辑的层面上，而应追求内涵和精神方面更深层面的表现，将现代要求、现代方法与传统的文化形态很好地结合起来，做到灵活运用，并抓住中国传统城市与古建筑文化的本质内涵。

并且我们理应肩负起中国传统建筑文化的现代化使命，去面对当今建筑文化全球化趋势的挑战。这就要求我们认识中国传统建筑文化的本质内涵，从哲学的深度来研究传统文化的起源、变化和发展，要求我们对传统文化的精髓有比较深刻的理解，认真从传统城市与古建筑的演变过程中，探索出继承、创新及发展的新思路。

胡文荟

2015 年 4 月